BEI GRIN MACHT SICH IHR WISSEN BEZAHLT

- Wir veröffentlichen Ihre Hausarbeit, Bachelor- und Masterarbeit

- Ihr eigenes eBook und Buch - weltweit in allen wichtigen Shops

- Verdienen Sie an jedem Verkauf

Jetzt bei www.GRIN.com hochladen und kostenlos publizieren

Julia Schubert

Machen chemische Experimente die Naturwissenschaft für Mädchen interessanter?

GRIN Verlag

Bibliografische Information der Deutschen Nationalbibliothek:

Die Deutsche Bibliothek verzeichnet diese Publikation in der Deutschen Nationalbibliografie; detaillierte bibliografische Daten sind im Internet über http://dnb.d-nb.de/ abrufbar.

Dieses Werk sowie alle darin enthaltenen einzelnen Beiträge und Abbildungen sind urheberrechtlich geschützt. Jede Verwertung, die nicht ausdrücklich vom Urheberrechtsschutz zugelassen ist, bedarf der vorherigen Zustimmung des Verlages. Das gilt insbesondere für Vervielfältigungen, Bearbeitungen, Übersetzungen, Mikroverfilmungen, Auswertungen durch Datenbanken und für die Einspeicherung und Verarbeitung in elektronische Systeme. Alle Rechte, auch die des auszugsweisen Nachdrucks, der fotomechanischen Wiedergabe (einschließlich Mikrokopie) sowie der Auswertung durch Datenbanken oder ähnliche Einrichtungen, vorbehalten.

Impressum:

Copyright © 2011 GRIN Verlag GmbH
Druck und Bindung: Books on Demand GmbH, Norderstedt Germany
ISBN: 978-3-656-41445-2

Dieses Buch bei GRIN:

http://www.grin.com/de/e-book/206298/machen-chemische-experimente-die-naturwissenschaft-fuer-maedchen-interessanter

GRIN - Your knowledge has value

Der GRIN Verlag publiziert seit 1998 wissenschaftliche Arbeiten von Studenten, Hochschullehrern und anderen Akademikern als eBook und gedrucktes Buch. Die Verlagswebsite www.grin.com ist die ideale Plattform zur Veröffentlichung von Hausarbeiten, Abschlussarbeiten, wissenschaftlichen Aufsätzen, Dissertationen und Fachbüchern.

Besuchen Sie uns im Internet:

http://www.grin.com/

http://www.facebook.com/grincom

http://www.twitter.com/grin_com

Kann durch frühe Erfahrungen mit naturwissenschaftlichen Experimenten bei Mädchen der Frauenmangel in der Naturwissenschaft (insbesondere in der Chemie) beeinflusst werden?

Vorgelegt von Julia K. Schubert
Schuljahr 2010/2011
Kursstufe 1
Wentzinger-Gymnasium
Freiburg im Breisgau

Inhaltsverzeichnis

1. Einleitung 3
2. Ausgangssituation 5
3. Erklärungsansätze 7
   3.1. Geschichtlich 7
   3.2. Entwicklungs- und kognitionspsychologische Aspekte 9
   3.3. Rollenspezifische Einstellung 11
   3.4. Zusammenfassung 12
4. Kindertagesbetreuungsgesetz Baden-Württemberg 13
5. Bezug zur praktischen Arbeit 14
6. Fazit 18
7. Literaturverzeichnis 19
   Sekundärliteratur: 19
   Websites: 19
8. Anhang 20

1. Einleitung

In meiner Leitfrage „Kann durch frühe Erfahrungen mit naturwissenschaftlichen Experimenten bei Mädchen der Frauenmangel in der Naturwissenschaft (insbesondere in der Chemie) beeinflusst werden?" geht es um die Frage, ob man durch gezielte Förderung im Kindergartenalter in Form von chemischen Experimenten auch Mädchen zu Naturwissenschaften motivieren kann.

In meiner Seminararbeit möchte ich beleuchten, ob Frauen in der Naturwissenschaft eher weniger vertreten sind, woran das liegen könnte (wenn es so ist) und in wieweit man dies beeinflussen kann.

Da ich die Lernfähigkeit und das rasche Auffassungsvermögen bei Kindern im Alter von 4-7 Jahren außergewöhnlich ausgeprägt und spannend finde, habe ich mich entschlossen, naturwissenschaftliche Experimente in genau dieser Altergruppe im Rahmen meiner Arbeit zu machen.

Ich habe dabei die Naturwissenschaft Chemie als Schwerpunkt gewählt, da mich dieses Fach schon in der Schule ungemein fasziniert. Ich beobachte gerne, warum eine Reaktion abläuft und was dort auf atomarer Ebene passiert, wobei man damit auch die Phänomene im Alltag erklären kann. Dabei interessierte mich auch, wie Kinder sich Alltagsphänomene ohne chemisches Grundwissen erklären.

Da meine Tante in der Kindertageseinrichtung „Regenbogen" in Hochdorf als Erzieherin arbeitet, fiel meine Wahl auf diese Institution. Diese Kindertageseinrichtung zeichnet sich dadurch aus, dass die Kinder selbst bestimmen können, womit sie sich den Vormittag über beschäftigen. Das Essen wird gemeinsam eingenommen und am Anfang des Vormittags findet ein Austausch in Form eines Treffens statt, bei dem man gemeinsam etwas singt (musikalische Förderung) und die verschiedenen Angebote des Tages vorstellt.

Die Räumlichkeiten der Einrichtung sind in verschiedene Bereiche aufgeteilt, wobei ich mich auf die „Ideenwerkstatt" konzentriert habe, die mit unterschiedlichen, an den Interessen der Kinder ausgerichteten Bildungsinseln ausgestattet ist.

Dort habe ich in der Zeit vom 3. Januar 2011-5. Januar 2011 verschiedene chemische Experimente angeboten, die mit dem Thema „Eis" zu tun haben. Ich habe dieses Thema ausgewählt, da es dazu einen direkten aktuellen Bezug in der Natur gibt, da es in der Projektzeit Winter war und wir somit Schnee hatten. Sowohl Mädchen als auch Jungen werden dadurch zum Nachdenken angeregt, wenn sie auf eigene Faust ihre Umwelt erkunden.

Ich werde in der vorliegenden Seminararbeit wie folgt vorgehen:

Zunächst einmal werde ich die Ausgangssituation, die Frauen in der Wissenschaft haben, näher erläutern und darauf eingehen, inwieweit sie Nachteile im Bezug auf Männer haben.

Danach führe ich mögliche Erklärungsansätze dafür auf, warum Frauen so wenig in den Naturwissenschaften (insbesondere der Chemie) vertreten sind, wobei ich auf geschichtliche, entwicklungspsychologische und rollenspezifische Hintergründe eingehen werde.

Darüber hinaus stelle ich dann einen Bezug zu meiner bereits erwähnten praktischen Arbeit mit Kindern in der Kindertagesstätte „Regenbogen" her und untersuche, inwieweit sich der theoretische Teil mit meinen Praxiserfahrungen deckt.

Zu guter letzt ziehe ich ein umfassendes Fazit, wobei ich auch Lösungsansätze wie einen mehr an Mädchen orientierten Unterricht präsentiere.

2. Ausgangssituation

Wenn man einen Blick in die deutschen Schulen, insbesondere die Gymnasien, wirft, kann man feststellen, dass Mädchen im Allgemeinen in den Naturwissenschaften unterrepräsentiert sind.[1] (Die Statistik ist bezieht sich auf Nordrhein-Westfahlen und Hamburg, da zu Baden-Württemberg keine Vergleichbaren Daten vorliegen.)
Diese exakten bzw. auch „harten" Naturwissenschaften sind bei den Jungen sehr viel beliebter. Welche Gründe das hat, werde ich im nächsten Kapitel aufzeigen. Ausgenommen davon ist die Naturwissenschaft Biologie, die sowohl bei Mädchen als auch bei Jungen beliebt ist.
Daraus abgeleitet stellt sich die Frage: Wenn schon in der gymnasialen Oberstufe das weibliche Interesse an den Naturwissenschaften fehlt, wie sieht es dann bei der Studien- und Berufswahl aus?
Die Antwort darauf liefert uns eine Statistik[2], die die bundesweiten Anteile von Frauen in einigen Fächern aus dem Jahr 1987 zeigt. Daraus lässt sich ablesen, dass die prozentualen Anteile von Frauen/Mädchen sich kaum verändern, mit Trend nach unten. Waren in der Oberstufe noch rund 12 % in der Physik vertreten, sind es im Studium 10%. Stärker schwankt es in der Chemie: Laut der Statistik für die gymnasiale Oberstufe sind im Schnitt rund 34 % der Chemie-Teilnehmer Mädchen, im Studium sind es jedoch nur noch 28%.
Dabei ist zu beachten, dass Mädchen aus eher naturwissenschaftlich orientierten Schulen vielleicht eher Naturwissenschaften als Schwerpunkt und daraus resultierend als Studienfach und spätere Berufsrichtung wählen, als an wirtschafts-, sozialwissenschaftlichen oder humanistischen Gymnasien. Auch entspricht die Statistik nicht dem neuesten Stand der Forschung, doch es war mir nicht möglich, eine aktuellere heranzuziehen. Mir ist dabei durchaus bewusst, dass sich die Situation bereits geändert haben könnte.
Darüber hinaus ergibt sich, dass es an reinen Mädchenschulen auch ein größeres Interesse an Naturwissenschaften gibt, da dort die Konkurrenz der Jungen ausbleibt, dazu jedoch später mehr.[3]
Was in der Schule beginnt, führt sich auch im Studium fort. Frauen und Männer sind im Fachbereich Chemie an den deutschen Universitäten in Grunde gleichberechtigt, dennoch lassen sich zwischen den Geschlechtern einige Unterschiede feststellen:

---

[1] Siehe Statistik 1 im Anhang.
[2] Siehe Statistik 2 im Anhang.
[3] Vgl.: Meuche, Katrin. *Bewußtseinskonflikte von Mädchen im naturwissenschaftlichen Unterricht. Eine empirische Studie aus imperativtheoretischer Sicht.* Europäische Hochschulschriften. Band 696. Frankfurt am Main, Berlin, Bern u.a. 1997. Seite 13-17.

1. Eine etwas höhere Abbruchquote von Frauen während des Studiums.
2. Eine geringere Promotionsquote von Frauen.
3. Eine faktische Nicht-[R]epräsentanz von Frauen in den unbefristeten Stellen in Forschung und Lehre an den Universitäten.
4. eine geringere Wahrscheinlichkeit für Frauen, nach dem Diplom bzw. der Promotion einen qualifikationsadäquaten Arbeitsplatz zu bekommen.[4]

Diese Unterschiede mögen eine Folge von „Frauenausschluß [sic!], Nichtförderung, Karrierebehinderung oder Benachteiligung von Frauen während des Studiums und danach"[5] sein, wobei diese Unterschiede aus verschiedenen Interviews und Befragungen entnommen wurden und somit die absolute Objektivität nicht zu garantieren ist.

Eine Statistik[6] für die absoluten Zahlen von StudienanfängerInnen im Fachbereich Chemie von 1975 bis 2009 zeigt, dass die Zahlen Schwankungen unterliegen. Während zu Anfang die Frauen den Männern weit unterlegen waren, gleichen sich die Kurven um die Jahrtausendwende an, was möglicherweise die Liberalisierung der Gesellschaft und die Aufbrechung von traditionellen Vorstellungen zeigen könnte. Zudem könnte es sein, dass Frauen im neuen Jahrtausend eher gefördert werden, als noch 30 Jahre zuvor.

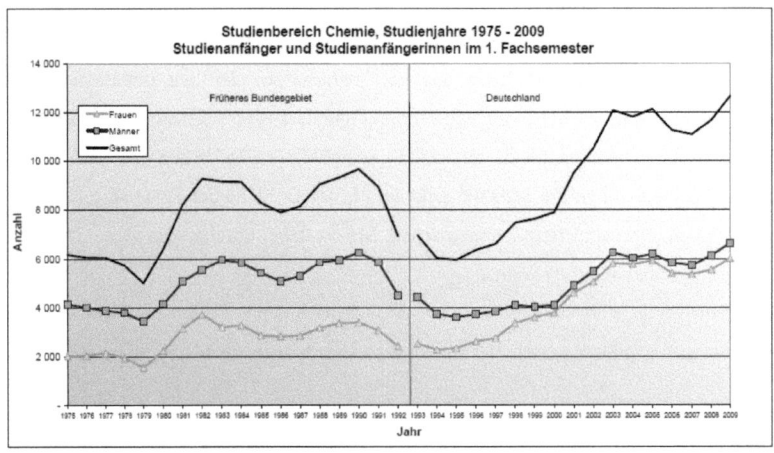

---

[4] Nägele, Barbara. *Von ‚Mädchen' und ‚Kollegen'. Zum Geschlechterverhältnis am Fachbereich Chemie*. NUT-Frauen in Naturwissenschaft und Technik e.V.; Schriftenreihe Band 6. Mössingen-Talheim 1998. Seite 34.
[5] Ebd.
[6] Bundesministerium für Bildung und Forschung. *Komm mach MINT. Nationaler Pakt für Frauen in MINT-Berufen.* In: http://www.komm-mach-mint.de/Service/Daten-Fakten/Studienjahr-Pruefungsjahr-2009 (10.4.2010 15:42)

3. Erklärungsansätze

Im folgenden Kapitel werde ich verschiede Erklärungsansätze für die verminderte Repräsentanz der Frauen in den Naturwissenschaften - insbesondere im Fachbereich Chemie - darstellen.

3.1. Geschichtlich[7]

Wenn man die Geschichtsbücher der Weltgeschichte unter dem Gesichtpunkt des Fortschritts der Technik und der Naturwissenschaften zu Rate zieht, wird man feststellen können, dass darin kaum Frauen auftauchen. Mit hoher Wahrscheinlichkeit ist der Name Leonardo da Vinci, Isaac Newton oder Siemens zu finden.

Die westliche Geschichte ist im Wesentlichen eine Geschichte der Männer, in der Frauen keinen Platz finden. Entweder sie waren nie vorhanden, was unwahrscheinlich ist, oder sie wurden verdrängt und vergessen.

Es mag auch daran liegen, dass sie nicht in großer Zahl vorhanden waren, dabei ist es im Grunde genommen „die Schuld der Männer", dass sie aus dem naturwissenschaft-lichen Bereich vertrieben wurden.

In der Vorgeschichte, als es die Arbeitsteilung der Frauen und Männer in Sammler und Jäger gab, mussten sich die Frauen, während ihre Männer bei der Jagd waren, durch scharfes Beobachten die naturwissenschaftlichen Phänomene und ihre Zusammenhänge erklären können. Sie mussten Essbares von Giftigem unterscheiden können, Wunden versorgen und schlicht das Überleben der Gruppe sichern und waren somit die ersten Geburtshelferinnen und Heilerinnen. Doch durch die neolithische Revolution wurden die Menschen sesshaft und betrieben Ackerbau. So musste der Mann nicht mehr zum Jagen aufbrechen und hakte sich in das Betätigungsfeld der Frau ein.

Weil die geschriebene Wissenschaftsgeschichte um 3000 vor Christus begann, wissen wir heute, dass schon im antiken Ägypten die Medizinheilkunde ein Fachbereich war, in dem Frauen arbeiteten.

Doch das änderte sich bald. Schon Aristoteles trug dazu bei, die Frauen aus der Wissenschaft zu verdrängen, indem er sie als „deformierte" Männer betrachtete. Mit der Ausbreitung des Christentums wurde die Wissenschaft und die Frauen immer mehr verdrängt. Auch in der Bibel spielten Frauen eine untergeordnete Rolle, da sie abhängig vom Manne (aus der Rippe Adams

---

[7] Vgl.: Wienekamp, Heidy. *Mädchen im Chemieunterricht*. Naturwissenschaft und Unterricht, Band 6. Essen 1990. Seite 20-30.

erschaffen, Genesis 1) und Schuld am Sündenfall und damit der Vertreibung aus dem Garten Eden war (Genesis 3).

Im 13. Jahrhundert erhielten Frauen als Ärzte noch Ansehen, doch schon im 14. und 15. Jahrhundert wurden sie in großen Mengen als „Hexen" beschimpft und auf dem Scheiterhaufen verbrannt, wenn sie sich der Wissenschaft zuwendeten.

Später, im 17. bis ins 19. Jahrhundert, waren Frauen, die sich wissenschaftlich betätigten, eine Ausnahme; sie waren höchstens als Hilfskräfte akzeptiert, wobei der Mann an ihrer Seite meist den Ruhm erntete. Nur wenige Frauen in der Chemie aus dieser Zeit sind bekannt, was wohl auch daran liegen mag, dass sie ihre wahre Identität leugneten oder versteckten.

Die Gesellschaft wurde toleranter und so wurde im Jahre 1900 im Bundesstaat Baden zum ersten Mal das Immatrikulationsrecht auf Frauen ausgeweitet. Innerhalb der nächsten 6 Jahre schlossen sich die anderen Teile Deutschlands an, zuletzt Preußen.

Obwohl sich die Lage der Frauen in der Wissenschaft rechtlich gesehen in der Weimarer Republik verbesserte, konnten nicht genug Frauen ihr Studium beenden und sich qualifizieren, bevor mit dem Nationalsozialismus der Rückschritt kam.

Von da an wurde Frauen das Habilitationsrecht wieder entzogen und prozentual durften nur noch 10% der Stundenten Frauen sein. Den Frauen wurden gesellschaftliche Zwänge durch die gezielte Propaganda aufgeladen. Sie sollte lieber ihre biologische Aufgabe als Mutter erfüllen und gesunde und kräftige Kinder gebären und erziehen anstatt in die Forschung zu gehen. In verschiedenen wissenschaftlichen Schriften versuchte man(n) die geringe Intelligenz der Frau zu beweisen. Doch auch Frauen selbst versuchten ihre weiblichen Zeitgenossinnen davon abzuhalten, indem sie ihnen ein schlechtes Gewissen machten. Dies gelang durch das Argument, dass Frauen auf dem Arbeitsmarkt den Männern den Arbeitsplatz nehmen würden und diese anscheinend so ihre Familie nicht ernähren könnten und die Kinder unerzogen blieben.

Die folgende Tabelle[8] zeigt die Anzahl der sich immatrikulierender Studenten von 1928-1944 in Deutschland:

---

[8] Wienekamp, Heidy. *Mädchen im Chemieunterricht*. Naturwissenschaft und Unterricht, Band 6. Essen 1990. Seite 27.

Wintersemester	Anz. männlicher	Anz. weiblicher Studierender
1928/29	69.951	12.305
1932/33	75.321	17.191
1933/34	67.848	14.016
1934/35	57.053	10.990
1935/36	50.251	9.797
1936/37	40.753	7.827
1937/38	36.985	6.299
1938/39	35.091	6.043
1939	23.249	5.447
1940 - 1. Trimester	31.366	6.919
2. Trimester	22.548	7.772
3. Trimester	27.953	11.671
1941	25.193	11.883
1941/42	26.708	13.660
1942/43	31.322	19.771
1943/44	28.914	28.378

Tabelle 10: Anzahl immatrikulierter Studierender von 1928 bis 1944 in Deutschland

Hier zeigt sich, dass sie ansteigenden Studentinnenzahlen mit der Machtergreifung Hitlers wieder drastisch sanken. Der Nationalsozialismus an sich implizierte ein bildungsfeindliches Klima und so sank auch die Anzahl der Männer. Bei Kriegsausbruch stieg die Anzahl der Frauen wieder an, weil die Männer in den Krieg zogen und qualifizierte Frauen nun gebraucht wurden; nach dem Krieg änderte sich das wieder. In der Bundesrepublik orientierte man sich jedoch eher an den Ordnungen des Kaiserreichs und „so gab es 1954 in der Bundesrepublik Deutschland keinen einzigen weiblichen Lehrstuhlinhaber".[9]

So kann man im Verlauf der Geschichte feststellen, dass politische Einflüsse die Entwicklung der Frau in Studium und Beruf beeinflussten.

3.2. Entwicklungs- und kognitionspsychologische Aspekte[10]

Die typischen Vorurteile: „Mädchen sind schlecht in Mathe." oder „Frauen können nicht logisch denken." Wie alle Vorurteile sind sie objektiv gesehen nicht nachweisbar und doch steckt in ihnen ein Fünkchen Wahrheit, wenn man sie mit der Realität vergleicht.

---

[9] Ebd. Seite 30.
[10] Vgl.: Wienekamp, Heidy. *Mädchen im Chemieunterricht*. Naturwissenschaft und Unterricht, Band 6. Essen 1990. Seite 44 – 48.

Wie schon bei den geschichtlichen Erklärungsansätzen erwähnt, hatte man in der NS-Zeit versucht, biologische Unterschiede zwischen den Geschlechtern im Bezug auf ihre Intelligenz zu ermitteln. In der heutigen Wissenschaft wird dies nur noch teilweise herangezogen, doch woran liegt es dann?

Wissenschaftler wie Jean Piaget (1896-1980) untersuchten die Entwicklung des menschlichen Denkens bei Kindern und Jugendlichen durch einfache Experimente. Nach seinen Beobachtungen teilte er die Entwicklung in 4 Großabschnitte ein:

> An der Intelligenz des in der senso-motorischen Stufe [Hervorhebung; J.S.] befindlichen Kindes ist das Denken noch nicht beteiligt. Sein Verhalten ist vielmehr auf das Praktische ausgerichtet. [0 bis ca. 2 Jahre; J.S.]
> In der präoperativen Phase [Hervorhebung; J.S.] lernt das Kind, Objekte, Vorgänge und Handlungen durch Worte, Bilder und Nachahmungen zu repräsentieren. Im Denken dieses Kindes fehlen die logischen Schlussfolgerungen der Induktion und Deduktion. [ca. 2 bis 7 Jahre; J.S.]
> Die konkret-operative Stufe [Hervorhebung; J.S.] entwickelt die Fähigkeit zur Begriffsbildung und zur Durchführung reversibler gedanklicher Operationen, die induktive und deduktive Logik ermöglicht. [ca. 7 bis 12 Jahre; J.S.]
> Mit verbalen Definitionen und abstrakten Begriffen kann das Kind in der konkret-operativen Phase allerdings noch nicht verständnisvoll umgehen. Diese Fähigkeit entwickelt sich erst in der formal-operativen Stufe [Hervorhebung; J.S.]. In dieser Entwicklungsphase ist der zumeist schon Jugendliche in der Lage, logische Gedankenexperimente durchzuführen. Er kann auf Basis rein formaler Annahmen logische Folgerungen ziehen. [ab ca. 12 bis 15 Jahre; J.S.] [11]

Zu diesen von Piaget formulierten Entwicklungsphasen muss man wissen, dass die verschiedenen Stufen sich überlappen können und nicht immer nahtlos ineinander übergehen; die letzte Stufe erreichen manche zu einem späteren Zeitpunkt und manche gar nicht. So könnte man also annehmen, dass der Geschlechterunterschied insbesondere bei Kindern daher rührt, dass sich Jungs schneller entwickeln würden und somit auch schneller in die nächste Stufe gelangen. Untersuchungen von Wolfgang Gräber zu dem Zusammenhang zwischen der kognitiven Stufe und dem Lernerfolg im Chemieunterricht mit Hilfe von mathematisch-physikalischen Tests ergaben, dass die Unterschiede zwischen Jungen und Mädchen nicht aufgrund jener Phasen sind und es somit andere Gründe geben muss. Zwar muss man einräumen, dass Jungen aufgrund ihres größeren Interesses an der Naturwissenschaft die Aufgaben aufgrund ihres größeren Wissens besser lösen konnten, doch die Ursache liegt eher woanders.

Es stellt sich nun die Frage, ob man durch gezielte Förderung die letzte kognitive Phase im naturwissenschaftlichen Bereich bei Kindern und Jugendlichen früher erreichen kann. Jungen spielen traditioneller Weise mit „technisch orientiertem Spielzeug", das sie „zum problemlösenden Denken, einer wichtigen Voraussetzung zur Entwicklung der formal-

---

[11] Wienekamp, Heidy. *Mädchen im Chemieunterricht*. Naturwissenschaft und Unterricht, Band 6. Essen 1990. Seite 45.

operativen Entwicklungsphase"[12] erzieht. Mädchen hingegen spielen eher mit Puppen, was sie auf ihre biologische Aufgabe als Mutter hinführen soll. Dadurch werden sie nicht -wie die Jungen- gefördert, um die formal-operative Phase schneller zu erreichen. Diese Art der Erziehung ist heute weit weniger ausgeprägt als zum Beispiel noch in der NS-Zeit, doch die Auswirkungen der damaligen Art und Weise zu erziehen sind durch eben dieses Phänomen heute noch deutlich zu sehen, doch zur rollenspezifi-schen Erziehung im nächsten Abschnitt mehr.

Eine Untersuchung von Julia Sherman ergab, dass allein die Einstellung zur Mathematik die Leistungen möglicherweise beeinflussen könnte. So könnte das Vorurteil, dass Männer in Mathematik besser seinen als Frauen, die Jungen in ihrer Leistung fördern, wobei die Mädchen dadurch negativ beeinflusst werden könnten.

3.3. Rollenspezifische Einstellung[13]

Wie bereits im letzten Abschnitt angedeutet, liegt der Leistungsunterschied unter anderem in der rollenspezifischen Erziehung, welche dann auch zur entsprechenden Einstellung der Kinder bis ins Erwachsenenalter führt, begründet.

Dies fängt bereits in der lernintensiven Phase direkt nach der Geburt an. Ursula Scheu beschreibt in ihrem Buch, dass „Mütter ihre Kinder schon im Säuglingsalter unterschiedlich behandeln. Mädchen werden weniger gestillt als Jungen, erhalten in den ersten Monaten weniger körperlichen Kontakt als Jungen. Sie werden aber mehr verbal stimuliert."[14] Daraus lässt sich ableiten, dass Mädchen eher sprachlich und sozial geprägt sind, Jungs sind dagegen offensiver und aktiver in ihrem Verhalten.

Auch allgemein lässt sich feststellen, dass Jungen und Mädchen im frühen Alter geschlechtstypisch behandelt und erzogen werden. Die Kinder wiederum, die sich im Alter von rund 2-3 Jahren in ihrem Umfeld „Identifikationsmodelle" suchen, entwickeln sich meist nach ihren vorgelebten geschlechtsspezifischen Verhaltensweisen.

Traditioneller Weise ist die Mutter diejenige, die zu Hause bleibt, die Kinder erzieht und den Haushalt führt, während der Mann seltener anwesend ist und das Geld zum Überleben der Familie erwirtschaftet. In den meisten Fällen ist der Vater die Respektperson, die die volle Autorität besitzt und für sämtliche technische Dinge, die im Haushalt fällig sind, verantwortlich. So lernt das Kinder bereits im frühen Alter seine „Geschlechtsrollenzuordnung".

---

[12] Ebd. Seite 47.
[13] Vgl.: Ebd. Seite 48-54.
[14] Ebd. Seite 49.

Doch nicht nur durch das familiäre Umfeld selbst, sondern auch durch die Medien wie Werbung, Fernsehen und Ähnliches findet eine wesentliche Beeinflussung des Kindes statt, indem es auch dort die geschlechterspezifischen Zuordnungen vorgelebt bekommt.

Auch das Spielzeug, das ja in der Werbung propagiert wird, ist - je älter das Kind ist - geschlechtsspezifischer, so haben Jungs technisches und abwechslungsreicheres Spielzeug, das der Mädchen dreht sich um Mode und Haushalt und ist oft einfacher gestrickt.

Auch in den Schulbüchern fällt auf, dass Männer häufiger und aktiver dargestellt werden, sodass eine Identifikation der Mädchen mit den Inhalten nur geringfügig möglich ist. Beachtet werden muss jedoch, dass in reinen Mädchenschulen größere Leistungen der Mädchen vollbracht werden und das Interesse an Naturwissenschaften auch höher ist[15]. Daraus folgt, dass sie sich auch eher in einem möglichen Studium und im künftigen Beruf für den Fachbereich einer Naturwissenschaft (wie der Chemie) entscheiden, obwohl sie doch den gleichen gesellschaftlichen Zwängen unterliegen, wie diejenigen Mädchen, die koedukativ erzogen werden.

3.4. Zusammenfassung

Zum einen liegt das Desinteresse und damit der Frauenanteil in der Chemie (und den anderen Naturwissenschaften) an der geringen Akzeptanz der Frauen in der Naturwissenschaft. Laut damaligen Zeitgenossen seien Frauen nicht für die Wissenschaft geeignet und schlicht unintelligenter als Männer. Diese Ansicht änderte sich jedoch kurzfristig in Krisensituationen, wie den beiden Weltkriegen, als die meisten Männer im Krieg kämpften und Frauen gebraucht wurden.

Gesellschaftlich gesehen war die Frau auch nicht dafür vorgesehen zu studieren, sondern sollte sich dem Haushalt und ihrer Aufgabe als Mutter widmen.

Zum anderen könnte es an entwicklungspsychologischen Unterschieden zwischen den Geschlechtern liegen, obwohl sich daran noch die Geister scheiden. Der Unterschied liegt in der Förderung im frühen Alter begründet, was uns zum nächsten Punkt führt:

Die Chemie hat als Naturwissenschaft ein negatives Image, da Mädchen aufgrund einer rollenspezifischen Erziehung keine Interesse und Motivation an ihr zeigen.

---

[15] Vgl.:Ebd. Seite 40.

Diese „Rollenmodelle" in das die Kinder - zumindest früher - von Familie und Gesellschaft gezwängt wurden, hindert die Mädchen daran, sich mit Technik und Naturwissenschaft zu befassen. Diese Erziehung geht weiter in der Schule, wo Schulbücher Mädchen an der Identifikation mit den Inhalten hindern. An den nicht koedukativen Schulen, die entstanden, um eine formale Gleichberechtigung herzustellen, ist das Interesse jedoch größer. Dies könnte an der höheren Förderung oder auch an der fehlenden erdrückenden Konkurrenz von Seiten der Jungen liegen, doch darüber liegen keine eindeutigen Untersuchungen vor. Ein weiterer Grund für die besseren Leistungen an Mädchenschulen könnte sein, dass die Mädchen - gerade im Pubertätsalter - nicht von Jungen abgelenkt werden und sich mehr auf die Unterrichtsinhalte konzentrieren.

Gegner der Mädchenschulen könnten anführen, dass somit die Konkurrenz nur aufgeschoben sei und die Mädchen dann im späteren Studium mit den Männern konfrontiert werden würden, doch dagegen kann ich anführen, dass die Frauen –gestärkt durch die guten Leistungen an den Mädchenschulen- ein größeres Selbstbewusstsein hätten und sich somit besser durchsetzen können würden. Wichtig ist es nicht, die Mädchenschulen zu kritisieren, sondern an den beidgeschlechtlichen Schulen vergleichbar gute Verhältnisse zu schaffen.

4. Kindertagesbetreuungsgesetz Baden-Württemberg

Die rechtliche Grundlage der Förderung und Erziehung des Landes Baden-Württemberg in den Kindergärten und –tagesstätten bietet das Gesetz über die Betreuung und Förderung von Kindern in Kindergärten, anderen Tageseinrichtungen und der Kindertagespflege, kurz das Kindertagesbetreuungsgesetz (KiTaG) vom 19. März 2009. Darin heißt es in §2 Aufgaben und Ziele:

> (1) Die Tageseinrichtungen im Sinne von § 1 Abs. 2 bis 4 und 6 sowie die Tagespflegepersonen im Sinne von § 1 Abs. 7 sollen die Entwicklung des Kindes zu einer eigenverantwortlichen und gemeinschaftsfähigen Persönlichkeit fördern, die Erziehung und Bildung des Kindes in der Familie unterstützen und ergänzen und zur besseren Vereinbarkeit von Erwerbstätigkeit und Kindererziehung beitragen. Diese Aufgaben umfassen die Erziehung, Bildung und Betreuung des Kindes nach § 22 Abs. 3 SGB VIII zur Förderung seiner Gesamtentwicklung.[16]

Demnach sind die ErzieherInnen dazu angehalten, das Kind nicht nur umfassend zu betreuen, sondern auch bei der Bildung des Kindes aktiv mitzuwirken. Diese ist auf die spezifischen, altersstrukturell bedingten Bedürfnisse des Kindes anzupassen.

---

[16] Landesrecht BW Bürgerservice. In: http://www.landesrecht-bw.de/jportal/?quelle=jlink&query=KiTaG+BW&psml=bsbawueprod.psml&max=true&aiz=true#jlr-KiTaGBW2009rahmen (10.4.2011 16:18)

Die ErzieherInnen sollen sich bewusst darüber sein, dass die ersten Lebensjahre und das Kindergartenalter die lernintensivste Zeit im menschlichen Dasein ist. Die Bildungsarbeit in Kindergärten hat also eine zentrale Aufgabe bis zur Vollendung der Persönlichkeit im erwachsenen Alter und somit auch Einfluss auf die Richtung, in die sich der heranwachsende Mensch entwickelt.

In einem auf diesem Gesetz basierenden Orientierungsplan des Landes Baden-Württemberg heißt es:

> Um sich als selbstwirksam zu erleben und die Welt aktiv mitgestalten zu können, brauchen Kinder Wissen von Zusammenhängen und kulturellen Gegebenheiten. Sie setzen sich neugierig forschend – entsprechend ihren Bedürfnissen und ihrem Entwicklungsstand – mit den Phänomenen der Welt auseinander. Sie lernen, sich die Gesetzmäßigkeiten und die vielfältigen Formen von Natur und Kultur zu erschließen. Freude am Lernen und Engagiertheit sind unverzichtbare Grundlagen für den lebenslangen Lernprozess.[17]

Hier fließt auch der Aspekt der Naturwissenschaft ein und es wird ebenfalls betont, dass diese Förderung auch nach dem jeweiligen Entwicklungsstand ausgerichtet sein sollte. Piagets Altersangaben sind mit Nichten fest, in der heutigen Zeit erreichen die Kinder eher später als von Piaget festgelegt die verschiedenen Stufen, weil sie sich nicht optimal entwickeln können, was auch an dem heutigen Lebensstil liegt. Im Kindergarten versucht man die Kinder mit spielerischen und motivierenden Methoden zu bilden, im Falle der Natur durch Wahrnehmen, Beobachten und Erforschen ihrer Umgebung; sie lernen keine Fakten auswendig, sondern erleben, denken mit und lernen so eigenständig und in individuellem Tempo.

5. Bezug zur praktischen Arbeit

Vom 3.1.2011 bis zum 5.1.2011 absolvierte ich mein Praktikum in der Kindertagesstätte „Regenbogen" in Freiburg-Hochdorf.

Davor hatte ich mich bereits ansatzweise mit der niederen Stellung der Frau in der Naturwissenschaft auseinandergesetzt und die Hypothese aufgestellt, dass man diese durch frühe Förderung möglicherweise beeinflussen könnte. Somit fiel die Wahl der Einrichtung nicht schwer, da ich dort direkt mit Kindern arbeiten konnte und dies auch mit den Schulzeiten geregelt bekam.

Die Kindertagesstätte „Regenbogen" legt selbst einen Schwerpunkte auf naturwissenschaftliche Förderung im Rahmen von §2 des KiTaG, was mir mein Vorhaben erleichterte, da sowohl die Mädchen als auch die Jungen beim Experimentieren kein Neuland

---

[17] Kultusportal Baden Württemberg. In: http://www.kultusportal-bw.de/servlet/PB/menu/1182964/index.html?ROOT=1182956 (11.1.2011 18:03)

betraten. Diese Kindertagesstätte ist einer der ersten, die diesem Konzept folgt, was sich durch Reformen bald ändern könnte.

Als schwierig stellte sich die Auswahl meiner Aktivitäten heraus, da sich die Kinder nach Piagets Modell auf der präoperativen Stufe oder auch „Phase des anschaulichen Denkens" befanden, wodurch ihre Fähigkeit Schlussfolgerungen zu ziehen noch nicht oder nur im geringen Maße ausgereift waren.

Also entschied ich mich für einfach gehaltene und alltagsnahe Experimente und war erstaunt über die erzielten Ergebnisse.

An meinen ersten Tag lernte ich die Kinder kennen und beschäftigte mich spielerisch mit einzelnen von ihnen. Dabei lernte ich von Seiten der Erzieher Methoden kennen, mich sowohl den Mädchen als auch den Jungen zu nähern, mit ihnen zu kommunizieren und vor allem: sie zu motivieren.

Am meinem nächsten Tag hatte ich nur ein Experiment geplant, um die Kinder, die daran Interesse hatten, zum einen nicht damit zu überfordern und zum anderen, um mich länger mit diesem beschäftigen zu können.

Als Einstieg sammelte ich draußen mit den Mädchen Schnee und Eis, um es dann in die Forscherecke des Kindergartens zu bringen und gemeinsam mit allen zu untersuchen. Dabei lieferte ich immer nur fördernde Impulse, doch die Kinder stellen folgende Hypothesen selbstständig auf:

- Es schmilzt, wenn es warm ist.
- Es schmilzt auch bei Regen.
- Es entsteht Wasser.
- Es rutscht (von der Hand).
- Es ist kalt.
- Es tropft.

Dabei waren es eher die Jungen, die sich mögliche Reaktionen ausmalten; die Mädchen waren zurückhaltender und äußerten sich vorsichtiger und seltener.

Diese Hypothesen bestätigten sich auch in der Realität. Ich war erstaunt, dass keiner von den beobachteten Kindern Hypothesen aufstellte, die absurd waren und wie genau sie die Phänomene des Alltags beobachten und reproduzieren können.

Dies könnte meiner Ansicht nach unter anderem daran liegen, dass Kinder insbesondere in diesem Alter sehr wissbegierig sind und sich somit auch ihre Umwelt im Einzelnen erfragen. Darüber hinaus werden sie in der betreffenden Kindertagesstätte – wie schon gesagt - auch schon vor meinem Praktikum mit Naturwissenschaft kompetent in Berührung gebracht und haben so ein gewisses Vorwissen.

In dem darauf folgenden Experiment ließ ich Eis auf Wasser schwimmen. Der genauere Versuchaufbau mit dem Titel „Klimakatastrophe im Glas" findet sich im Anhang, wobei ich mir die Freiheit genommen habe, es etwas zu vereinfachen.

Dieses Experiment erfreute sich sowohl bei Mädchen als auch bei Jungen großer Anteilnahme und Interesse. Meine Gruppe bestand aus 7 Kindern, wobei der männliche Anteil nur aus einem Kind bestand, was keine empirischen und genauen Untersuchungen möglich machte. Doch dies war keineswegs meine Absicht, denn ich wollte lediglich das Verhalten der Kinder beim Kontakt mit Naturwissenschaft beobachten.

Zunächst erklärte ich das Experiment ausführlich und führte es einmal vor. Dann sollten es die Kinder (wahlweise auch öfter) selbst einmal probieren und sich dabei an meine eigens angefertigte visualisierte Anleitung halten.

Zwei der sieben Kinder verloren schnell das Interesse, denn schon nach der ersten selbstständigen Versuchsdurchführung war ihr Wissensdrang gestillt.

Der Junge, welcher 3 Jahre war, führte das Experiment immer und immer wieder durch, wobei er die Anleitung nicht genau befolgte und total konzentriert und selbstständig experimentierte. Er hörte selbst dann nicht auf, als die anderen Kinder ihn darauf hinwiesen.

Die restlichen drei Mädchen verloren auch nach einiger Zeit das Interesse an dem reinen Experiment, doch sie entwickelten ein eigenes Spiel auf Basis des Experiments, indem sie mit dem Versuchsaufbau „Suppe kochten". Das Spiel entwickelte sich zu einer Nachstellung des stereotypen Alltags auf familiärer Ebene, wobei die verschiedenen Instanzen (Vater, Mutter, Kind) auch geschlechterrollenkonform nachempfunden wurden. Dies ist ein Anzeichen auf die rollenspezifische Erziehung, die ich in Kapitel 3.3 behandelt hatte.

Andere Kinder (sowohl Mädchen als auch Jungen), die zu einem späteren Zeitpunkt zu der Gruppe dazustoßen wollten, wurden ausgegrenzt.

Am dritten Tag führte ich ein etwas anspruchsvolleres Experiment durch, die Gruppe der Jungen und Mädchen war nur geringfügig verändert.

Es hat den Titel „Ein Eiswürfel an der Angel" (im Anhang zu finden) und der Ablauf war derselbe wie am Vortag.

Ich stellte das Experiment vor, entwickelte mit den TeilnehmerInnen mögliche Hypothesen, was passieren könnte und führte es vor. Danach versuchten sie es selbst, wobei es bei diesem Experiment essentiell wichtig war, sehr viel Geduld zu haben. Diese fehlten den meisten nach dem Scheitern der ersten Versuche, doch sobald es bei einem Mädchen geglückt hatte, waren alle mit Feuereifer dabei.

Die Mädchen saßen bei Durchführung des Experiments ruhig da und warteten geduldig, während die Jungen schnelle Ergebnisse erhofften und Konkurrenz suchten. Dies könnte wiederum eine Folge aus rollenspezifischer Erziehung sein, die beide Geschlechter bereits in diesem Alter geprägt haben könnte, wobei einzuräumen ist, dass das Verhalten auch typabhängig ist.

Interessant war dabei zu beobachten, wie die Strategien der Kinder waren, schneller an ihr Ziel zu kommen und welche Erkenntnisse sie hatten, zum Beispiel:

- „Man lernt dabei viel Geduld, wie ein richtiger Forscher!"
- „Es klebt wegen dem Salz und das ohne Kleber."
- „Es ist egal, ob man grobes oder feines Salz benutzt."

Die älteren Kinder sahen sogar beim genaueren Hinsehen, dass das Eis bei Kontakt mit dem Salz nach kurzer Zeit schmilzt und dabei Wasser entsteht.

Ein Junge (7 Jahre) erzählte sogar eine Anekdote zu dem Experiment. Er berichtete mir freiwillig, wie seine Zunge in Russland einmal an einem vereisten Baumstamm kleben blieb. Somit hatte er dieses Experiment mit seinem Alltag eng verknüpft und selbstständig mit dem bereits erlebten Erfahrungsschatz die Runde bereichert. Danach war er sogar dazu motiviert, mir eigenständig ein anderes Experiment zu zeigen. Dies stammte nicht aus dem Bereich, in dem ich mich bewegte und er führte es spontan vor. Das zeigt, dass er Interesse an Naturwissenschaften hat und ihn diese schon in seiner frühen Lebensphase beeinflusst. Daraus könnte man schließen, dass er es in Zukunft noch weiter ausbauen kann und will und sich vielleicht auch beruflich nach dieser Vorliebe richtet.

Zusammenfassend kann man sagen, dass mich das Praktikum in der Kindertagesstätte „Regenbogen" bei meiner Lösungsfindung ein Stück weitergebracht hat, aber nicht voll und ganz mit der zuvor angelesenen Literatur verglichen werden kann.

Unter anderem hat Piagets Stufenmodell nicht voll und ganz der Realität entsprochen und ist meinen Beobachtungen zufolge überholt. Diese Phasen sind nur auf die kognitive Entwicklung bezogen, nicht jedoch auf die emotionale. Dies ist meiner Meinung nach einer der zentralsten Kritikpunkte an Piagets Modell, denn beispielsweise spielen während dem Experimentieren auch die emotionalen Faktoren eine Rolle für das Denken, wie zum Beispiel die Faszination am Geschehen im Experiment.

6. Fazit

Kann durch frühe Erfahrungen mit naturwissenschaftlichen Experimenten bei Mädchen der Frauenmangel in der Naturwissenschaft (insbesondere in der Chemie) beeinflusst werden? Diese Leitfrage begleitete mich seit den Anfängen dieser Seminararbeit bis zu diesem Fazit, in dem ich sagen kann:

Der Mangel im Fachbereich Chemie (wie auch in anderen Naturwissenschaften) ist begründet durch Desinteresse, welches wiederum begründet ist durch ein Zusammenspiel mehrer Faktoren, von denen die einen beeinflussbar sind, die anderen nicht.

Die historischen Faktoren, welche die heutige Gesellschaft und deren Ansichten immer noch beeinflusst, lassen sich logischerweise nicht mehr verändern, da sie bereits in der Vergangenheit liegen. Man könnte höchstens die Einstellung zu jenen Ereignissen durch Aufklärung ändern, was sich jedoch als schwierig herausstellt, wenn man bedenkt, dass diese Geschehnisse fest in den Gedächtnissen und im Alltag der Menschen verankert sind.

Die Unterschiede zwischen den Geschlechtern sind umgehbar, indem man die Mädchen, die ihre Leistungen eher im intensiven Lernen begründen, anders behandelt und fördert als die Jungen. Zudem könnte man das Spielzeug geschlechterunabhängig konstruieren und die Eltern zu rollenunspezifischer Erziehung ermuntern.

Die edukativen Faktoren jedoch sind beeinflussbar. Man kann die Lehrkräfte in der Chemie auf Fortbildungen schicken und sie von den Unterschieden zwischen den Geschlechtern detaillierter aufklären, sodass man den Unterricht –zumindest an koedukativen Schulen- mädchenorientierter gestalten kann.

Zum Beispiel sollte man meiner Meinung nach die Lehrer dazu motivieren, auf die geringere Selbstsicherheit der Mädchen im Chemieunterricht angemessen zu reagieren und diese speziell motivieren. Dabei muss jedoch beachtet werden, dass man beide Geschlechter im Unterricht gleich behandeln muss und soll, damit die geschlechterspezifischen Unterschiede gar nicht erst aufkommen.

Dennoch stelle ich jeden Tag fest, dass es Themen im Chemieunterricht gibt, zum Beispiel Kosmetik oder Nahrungsmittel, die bei Mädchen größeren Anklang finden als die Themen Energie oder Metalle. Zudem können einige spezielle Themen in der Chemie auch gesellschaftlich-historisch behandelt werden, wodurch die Stärken der Mädchen zum Zuge kommen würden.

Darüber hinaus könnten auf dieser Basis die Chemiebücher überarbeitet und so gestaltet werden, dass Mädchen sich mehr damit identifizieren könnten, zum Beispiel durch andere Schwerpunkte und Abbildungen mit weiblichen Personen.

7. Literaturverzeichnis

Sekundärliteratur:

Hecker, Joachim. *Der Kinder Brockhaus Experimente. Den Naturwissenschaften auf der Spur.* Der Kinder Brockhaus. Brockhaus, 2005.

Meuche, Katrin. *Bewußtseinskonflikte von Mädchen im naturwissenschaftlichen Unterricht. Eine empirische Studie aus imperativtheoretischer Sicht.* Europäische Hochschulschriften. Band 696. Frankfurt am Main, Berlin, Bern u.a. 1997.

Nägele, Barbara. *Von ‚Mädchen' und ‚Kollegen'. Zum Geschlechterverhältnis am Fachbereich Chemie.* NUT- Frauen in Naturwissenschaft und Technik e.V.; Schriftenreihe Band 6. Mössingen-Talheim 1998.

Wienekamp, Heidy. *Mädchen im Chemieunterricht.* Naturwissenschaft und Unterricht, Band 6. Essen 1990.

Websites:

Bundesministerium für Bildung und Forschung. *Komm mach MINT. Nationaler Pakt für Frauen in MINT-Berufen.* In: http://www.komm-mach-mint.de/Service/Daten-Fakten/Studienjahr-Pruefungsjahr-2009

Kultusportal Baden Württemberg. In: http://www.kultusportal-bw.de/servlet/PB/menu/1182964/index.html?ROOT=1182956

Landesrecht BW Bürgerservice. In: http://www.landesrecht-bw.de/jportal/?quelle=jlink&query=KiTaG+BW&psml=bsbawueprod.psml&max=true&aiz=true#jlr-KiTaGBW2009rahmen

8. Anhang

Statistik 1:

Tab. 1: Leistungskurswahl der Abiturjahrgänge 1985 und 1986 in Nordrhein-Westfalen[1] und Hamburg[2] nach Fächern [5]

	Mädchenanteil in Prozent		
	NRW (1985)	NRW (1986)	Hamburg (1987)
Mathematik	36,16	35,89	25,3
Physik	12,98	11,97	8,3
Chemie	33,71	35,22	30,1
Geschichte	37,25	37,78	34,5
Erdkunde	38,14	36,73	41,0
Sport	32,38	33,62	20,0
Sozialwissenschaft	45,21	39,04	22,8
Biologie	56,67	55,92	50,8
Deutsch	69,10	68,67	58,4
Englisch	60,55	61,62	59,0
Französisch	76,31	77,93	76,2
Pädagogik	77,65	79,03	-
Kunst	69,59	71,01	67,2

[1] Daten der Gesamterhebung des Kultusministeriums NRW für Gymnasien und Gesamtschulen; Mädchenanteil an den Abiturientinnen und Abiturienten: 1985: 50,42 %; 1986: 50,48 %; Gesamtzahl der Abiturientinnen und Abiturienten: 1985: 64 957; 1986: 61 711

[2] Daten der Untersuchung von Heinrich u. Schulz an acht Hamburger Gymnasien (N = 604), Erhebung April/Mai 1987

Statistik 2:

Tabelle 2: Frauenanteile an großen Fächern WS 1986/87 aller bundesdeutschen Hochschulen

Fächer	Insgesamt absolut	davon Frauen absolut	prozentual
1. Anglistik	21.503	15.768	73
2. Germanistik	54.491	36.673	67
3. Erziehungswiss.	32.898	21.452	65
4. Psychologie	23.107	14.054	61
5. Biologie	37.011	19.549	53
...			
13. Mathematik	25.867	8.506	33
...			
17. Chemie	35.011	9.702	28
18. Informatik	36.909	5.562	15
...			
21. Physik	32.079	3.160	10
22. Elektrotechnik	67.052	1.879	3
23. Maschinenbau	66.440	1.800	3
1.-23. Insgesamt (=67% aller Studierenden)	918.410	306.868	33

Quelle: Anweiler u.a. 1990, S.463